AF456600

PROJET

D'AGRANDISSEMENT ET D'EMMÉNAGEMENT

POUR L'ARSENAL

DU PORT DE TOULON.

Suum cuique. 15 Août 1842.

C. DELACOUR,
Lieutenant de vaisseau.

TOULON,
IMPRIMERIE D'EUGÈNE AUREL,
PLACE SAINT-PIERRE.

1842.

Toulon, 1er novembre 1842.

Depuis quelques années et depuis un an surtout, tout ce qui appartient à la marine ou qui s'intéresse à son sort, se préoccupe vivement de l'accomplissement de l'agrandissement de l'arsenal de Toulon. C'est, en effet, une question de la plus haute importance puisque sa solution doit coûter des millions. Or, comme toute puissance s'évalue aujourd'hui par la richesse, moins un pays, pour se procurer ce dont il aura besoin, sera obligé à de grandes dépenses, plus il sera riche, plus il sera puissant, car avec les fonds non dépensés, il pourra acquérir de nouveaux moyens d'action.

C'est ainsi que dans la question qui nous occupe, si l'arsenal de Toulon peut être agrandi de manière à satisfaire à tous les besoins d'extension de la force navale qu'il doit contenir moyennant quelques millions seulement, les millions non dépensés pourront servir à augmenter le matériel et le personnel de la flotte. Or, c'est un axiome militaire que toujours la raison doit rester aux plus gros bataillons. Il est donc de la dernière importance de réduire autant que possible les dépenses non immédiatement applicables à la construction ou à l'entretien des navires, à l'instruction ou à la solde du personnel.

A quoi bon, en effet seraient d'immenses arsenaux, des darses nombreuses et étendues si ces constructions, toujours chères, ne devaient servir qu'à renfermer ou construire un ou deux navires de guerre que le pays ruiné ne pourrait armer faute de pouvoir solder un personnel suffisant; spectacle que nous donne aujourd'hui l'Espagne dont les arsenaux magnifiques sont déserts et dont les ateliers, véritables monuments, tombent en ruine.

La pensée d'économie a-t-elle donc présidé à la rédaction des divers projets d'agrandissement de l'arsenal de Toulon qui ont été présentés depuis plusieurs années. Non, et cela ne pouvait pas être. Les rédacteurs étaient personnellement intéressés à ce que les dépenses fussent le plus considérables. Un ingénieur des ponts-et-chaussées chargé de présenter un projet de darse, d'ateliers et surtout d'arsenal qui doit porter son nom, peut-il se défendre du desir de laisser à la postérité une œuvre grandiose? Ce qui peut se traduire par un lac creusé au milieu des terres, ou bien une montagne jetée au fond et au milieu de la mer, ou un palais destiné à des ouvriers. Une magnifique feuille de papier blanc est devant lui, sa règle, ses crayons, ses compas sont dociles et puissans, devant eux les montagnes s'abaissent, les profondeurs se comblent, les mers s'assèchent, il suffit d'un coup de pinceau pour remplacer la teinte *grise* des constructions existantes, qui lui font obstacle, par le *carmin* brillant des travaux projetés. Le *jaune* niveleur, rasant ce qui s'élève fait justice de toute difficulté obstinée. Il ne manque à tout cela que de l'argent, mais le budget est là : l'impôt, source inépuisable, doit faire couler les flots d'or, au moyen desquels on produira tous ces prodiges qui doivent immortaliser le nom de leur auteur.

Or, tandis que des armées de travailleurs seront employées à creuser des darses là où il y avait de la terre, à jeter dans la mer des rochers pour construire des terrains solides là où il y avait assez d'eau pour le passage des vaisseaux, à élever de nouveaux ateliers à plusieurs milliers de mètres de distance de ceux qui existent déjà, afin d'y transporter les ouvriers et les machines qu'ils contiennent, le tout pour créer ce qu'on appellera une amélioration de l'arsenal : les vaisseaux resteront désarmés et se détruiront sans réparations possibles, faute de fonds; les navires détruits ou usés ne pourront être remplacés par des constructions neuves, faute de fonds ; les matelots, les ouvriers seront congédiés faute de fonds ; mais on aura au lieu d'une flotte composée de vaisseaux, montée par des matelots, commandée par des officiers et des amiraux, armée de canons, on aura, dis-je, des amas de terre et de pierres, remués par des maçons et des terrassiers, dirigés par des conducteurs et des ingénieurs des ponts-et-chaussées, armés de pelles et de pioches, de niveaux et de graphomètres. La truelle aura remplacé l'épée.

Telle est, cependant, la perspective qui menace la marine, puisque les conseils supérieurs destinés à juger, à apprécier les projets, à décider et ordonner les travaux sont composés en majorité d'ingénieurs ou d'administrateurs, en minorité d'officiers de la marine.

Qu'arrive-t-il, en effet, lorsqu'un projet est présenté soit au ministre, soit au préfet maritime pour résoudre une des questions si nombreuses et si importantes relatives à l'emménagement d'un arsenal de la marine?

Le projet reçu par le ministre est renvoyé par lui au Préfet maritime avec ordre de le faire examiner par le conseil d'administration du port. Lorsque le projet est adressé directement au préfet maritime, il le soumet immédiatement au conseil d'administration ; or, comment est composé ce conseil?

1° Le directeur des travaux hydrauliques ingénieur des ponts-et-chaussées ;
2° Le directeur de l'artillerie, officier d'artillerie ;
3° Le directeur des constructions navales, ingénieur ;
4° Le commissaire-général de la marine, administrateur ;
5° Le directeur des mouvemens du port, officier de marine;
6° Le major-général de la marine, officier de marine.

Il est présidé par l'amiral préfet maritime qui est le troisième officier de marine sur les sept personnes qui forment le conseil d'administration.

Une semblable réunion raisonnablement composée comme conseil pour aider de ses lumières le préfet maritime dans les circonstances ordinaires de son administration, peut elle être considérée comme un jury compétent pour juger les projets essentiellement maritimes, tels que ceux relatifs au tracé d'un port? Non certes. La question d'agrandissement de Toulon est une question toute maritime; aussi le jugement porté par ce tribunal a-t-il soulevé les réclamations de tous les officiers de marine. Car le projet adopté par cette majorité administrative, dont un membre était juge et partie, rédigé à la hâte ne satisfait à aucun des besoins pour lesquels l'on sentait la nécessité de développer davantage l'enceinte de l'arsenal. Il ne remédie à aucun des inconvéniens des dispositions actuelles et ne rendra quelques services que dans plusieurs années, tandis que c'est dès aujourd'hui que l'on a besoin de multiplier et agrandir les ateliers. Au lieu d'utiliser ce qui existe déjà, il déplace au contraire les ateliers actuels pour les établir beaucoup plus loin. Au lieu de réunir les deux arsenaux actuels, il les sépare davantage. Au lieu de faciliter le curage de la rade, ce qui est une question maritime capitale, il retrécit l'espace praticable et jette des roches là où il faudrait retirer de la vase pour augmenter le fond.

Certes, une commission de marins, après un examen approfondi eût rejeté à l'unanimité ce désastreux projet; les officiers de marine, intéressés à économiser les deniers d'un budget à peine suffisant pour entretenir en bon état la flotte existante, auraient refusé de souscrire aux dépenses qu'entraînera ce projet mal étudié. Aurait-elle, en revanche, rejeté le projet ci-joint sans le discuter, l'examinant à peine, sans appeler dans son sein l'auteur pour lui présenter ses objections? Projet qui a recueilli déjà l'approbation de tous les officiers de marine qui en ont eu connaissance. Je me crois fondé à penser que non. C'est cependant ce qu'a fait le conseil d'administration du port, n'admettant même pas qu'il put entrer en comparaison avec l'autre projet adopté. Le membre juge et partie ne s'est pas récusé et la majorité administrative est venue couper court par son vote à l'opinion favorable du membre marin qui en prenait la défense.

Ce serait peut être le cas d'expliquer les motifs de ce vote étrange, mais il faudrait pour cela divulguer les secrets des délibérations et entrer dans des personnalités : je m'en abstiendrai.

Toutefois, il m'est permis de récuser le jugement d'un tribunal, que je considère comme incompétent en pareille matière, et d'en appeler à celui dont l'opinion pour moi est seule concluante.

C'est aux officiers de mon arme, aux marins que je viens soumettre mon projet. S'il ne s'agissait que d'une satisfaction d'amour-propre je n'insisterais pas pour le faire prévaloir, mais la question que j'ai cherché à résoudre intéresse au dernier point la puissance maritime de la France ; puisqu'il s'agit de doubler les moyens de son arsenal principal, avec le moins de frais possible, tout en établissant l'ordre où le désordre existe et rendant la surveillance facile, là où maintenant elle est impossible, pour arrêter la dilapidation, le pillage organisé des richesses immenses qui sont répandues partout dans son enceinte.

Cette question intéresse donc directement le personnel de la flotte. C'est à lui que je m'adresse.

Je lui soumets le ***projet d'agrandissement et d'emménagement de l'arsenal de Toulon,*** tel que je l'ai adressé au préfet maritime, tel qu'il a été présenté au conseil d'administration du port, quoiqu'en le relisant je le trouve incomplet ou incorrect sur plusieurs points.

J'ai préféré n'y faire aucune correction. C'est à un tribunal d'appel que je viens soumettre mon projet, j'ai pensé que les pièces devaient lui être remises telles qu'elles avaient été présentées en première instance ; m'en rapportant entièrement aux lumières du juge que j'ai choisi.

C. Delacour,

Lieutenant de Vaisseau.

Toulon. Imprimerie d'Eugène AUREL, place St-Pierre.

PROJET

D'AGRANDISSEMENT ET D'EMMÉNAGEMENT

POUR L'ARSENAL

DU PORT DE TOULON.

La question d'agrandissement de l'Arsenal de Toulon est d'une si grande importance et tellement complexe, qu'elle ne saurait être résolue sans un examen approfondi des lieux, des besoins du service maritime, des ressources de la localité, enfin des exigences de l'état actuel des choses qui, nécessairement, apporte dans la solution à adopter toute l'influence des faits sur de simples projets. Cette question ne saurait donc être traitée au pas de course.

La construction d'un Arsenal n'est pas une œuvre éphémère, on ne saurait donc examiner trop mûrement les charges que l'on doit imposer aux siècles à venir, on ne saurait trop surtout hésiter à se jeter dans des constructions, sur l'exécution desquelles il ne serait plus temps de revenir, si l'expérience des années futures venait en démontrer les graves inconvéniens.

Depuis dix mois, qu'arrivé à Toulon comme aide-de-camp du vice-amiral Baudin, préfet maritime, je parcours chaque jour avec lui l'arsenal, la rade, le port, j'étudie avec la plus grande assiduité toutes les faces de cette question, tous ses détails d'exécution ; je recueille toutes les opinions des hommes compétens, les objections faites, même celles dictées par l'intérêt privé, et c'est à peine si j'ose dire que je l'ai suffisamment approfondie.

Toutefois, la solution que je viens proposer étant approuvée par la grande majorité, je pourrais presque dire l'unanimité des officiers de la marine et par un grand nombre d'autres personnes, dont le jugement ne saurait être méprisé, je me décide à le présenter, déterminé surtout par la crainte de voir adopter le projet proposé par la direction des travaux hydrauliques, dont le moindre inconvénient serait de réduire cette partie de la rade de Toulon, que l'introduction des machines à vapeur dans les flottes doit faire considérer comme la plus importante à conserver intacte en étendue. Mais ce projet a surtout le défaut d'exiger tout d'abord des constructions considérables sous marines fort dispendieuses, des démolitions de portions fort étendues du rempart existant, des remblais immenses, avant que de penser à construire un mètre d'atelier, et c'est surtout de ce genre de constructions que l'on ressent le besoin immédiat.

Et lorsqu'on jettera dans la mer ces récifs artificiels, chaque pierre qu'on laissera tomber dans l'eau sera un pas en avant, sans espoir de retour si le système adopté est condamné par l'expérience. La darse et l'avant-port du projet des travaux hydrauliques ne sont que des anti-chambres embarrassantes, à travers lesquelles les navires seront forcés de passer pour entrer dans l'arsenal ou pour en sortir.

Dans ce projet, l'unité dans l'arsenal est détruite; il y a scission entre l'arsenal du Mourillon et celui de Castigneau. Les communications sont interrompues par l'espace compris entre le saillant n° 3 et la pointe du Mourillon.

Les établissemens des vivres sont désunis et l'on est obligé de construire un périmètre fort étendu de remparts fort coûteux, ce que l'on peut éviter. Mais il serait trop long de faire ressortir en détail tous les inconvénients de ce projet, il est temps de nous occuper de celui que je propose. Peut-être plus tard y reviendrai-je.

Appelé par ma position à visiter chaque jour l'intérieur de l'arsenal, j'en possédai bientôt la topographie assez complètement pour être convaincu que, par un défaut de bon emménagement, il s'y trouvait des espaces considérables non occupés ou qui l'étaient fort mal, et j'ai pensé alors qu'il serait sans doute possible d'y établir tous les ateliers nouveaux dont on ressentait le besoin, sans se laisser entraîner à des créations infiniment dispendieuses.

Je me mis à l'étude sous l'empire de cette idée et je me convainquis bientôt qu'elle était d'une application facile.

En effet, lorsqu'on jette les yeux sur un plan de Toulon, on remarque que tout le fond de la baie qui renferme la petite rade est bordée sur une longueur d'une demi-lieue par les établissemens appartenant à la marine.

A l'est, sont les chantiers de construction du Mourillon, les magasins, hangars et fosses à conserver les bois.

A l'ouest, se trouve la darse neuve ou l'arsenal proprement dit : enfin, dans le centre, la darse vieille qui sert à la fois au commerce et à la marine de l'État.

Ce développement d'établissemens est considérable, surtout à proximité d'une rade à laquelle il ne manque que des quais pour en faire un véritable port. Comment peut-on donc y ressentir le manque d'espace?

Toutefois, il est une lacune qui saute aux yeux, c'est l'intervalle insolite qui existe entre l'arsenal du Mourillon et la darse vieille. Aussi n'ai-je pu m'empêcher de revenir à une idée que j'avais déjà émise depuis long-temps, qu'il est d'une nécessité urgente d'exécuter une jetée entre le saillant n° 3 du front de mer et le môle de l'angle nord-ouest du Mourillon. Il n'y a plus à discuter, en effet, s'il eût été préférable d'établir à *Castigneau* les chantiers que l'on a placés au *Mourillon*. Cette question n'est plus à examiner, puisqu'elle a pris la puissance indiscutable d'un fait accompli et dont il faut accepter toutes les conséquences. On ne peut toutefois se refuser à considérer comme heureuse l'idée d'avoir réuni sur le même point tous les chantiers et ateliers nécessaires à la construction des navires neufs et surtout à proximité du lieu de dépôt et d'emmagasinage des bois. Mais cet établissement spécial, dans l'état actuel des choses, a le grand inconvénient d'être isolé de l'arsenal, dont il est séparé par un bras de mer et par le port nouveau du commerce, ainsi que par le faubourg qui entoure ce dernier.

Si donc l'on porte dans l'ouest l'arsenal projeté, cet isolement deviendra encore plus sensible, et tôt ou tard il faudra en venir à faire ce que l'on peut accomplir dès aujourd'hui, à peu de frais et en satisfaisant en même temps aux besoins urgens d'augmentation des ressources de l'arsenal en ateliers pour la manipulation des métaux.

Voici donc ce que je propose :

Je ne donnerai d'abord qu'une description générale du projet, j'en traiterai ensuite chaque partie en détail.

1° *Créer entre le Mourillon et la darse vieille une nouvelle darse de* 10 *hectares, 50 de surface d'eau, qui relie le Mourillon avec l'arsenal actuel.*

Y placer tous les navires désarmés en évacuant ainsi le grand rang, le petit rang et l'arsenal de la darse neuve.

2° *Réserver exclusivement le Mourillon pour les constructions neuves, et n'exécuter dans l'arsenal que des travaux de réparations.*

3° *Créer à Castigneau des magasins capables de loger les vivres journaliers et de campagne nécessaires à 50,000 hommes, en les coordonnant avec le bâtiment existant de la Boulangerie, suffisamment augmenté. Ces magasins devant être contenus, ainsi que les fortifications, qui les entourent et complètent le système de défense des fronts* (11,-12) *et* (12,-1), *dans les limites actuelles des terrains militaires appartenant à l'Etat.*

4° *Etablir sur l'île comprise entre la chaîne neuve, la chaîne vieille et le canal de Mange-Garis, tous les ateliers nécessaires aux travaux de construction et de réparation des machines des navires à vapeur.*

Consacrer les quais de la darse vieille et de la darse neuve, entourant cette île, à l'amarrage des vapeurs en réparation.

5° *Etablir sur le terrain compris entre la chaîne vieille et la darse projetée des chantiers pour la construction et la réparation des embarcations de servitude et des canots.*

6° *Etablir le long du rivage de Castigneau, depuis l'entrée du canal de la Boulangerie jusqu'à l'extrémité ouest des ateliers des artifices, sur des terrains conquis à cet effet sur la mer, un dépôt général de charbon de terre.*

Avant que d'entrer dans les détails d'exécution, si l'on jette les yeux sur le plan, on remarquera que ses diverses dispositions, en réunissant l'arsenal du Mourillon à l'arsenal actuel, et y ajoutant un établissement distinct pour la manutention des vivres de la marine, et un autre pour l'embarquement du charbon de terre, forment un tout bien complet où chaque espèce de travaux est renfermée dans une enceinte particulière, à proximité des points avec lesquels elle doit ou peut être fréquemment en relation. Pour l'examen des détails d'exécution, nous prendrons le projet comme nous en avons décrit l'ensemble, article par article.

1° *Créer entre le Mourillon et la darse vieille une nouvelle darse de* 10 *hectares* 50 *qui relie le Mourillon avec l'arsenal actuel.*

C'est au moyen de la jetée *j. j.*, dont j'ai déjà parlé, qui serait construite depuis le saillant n° 3 jusqu'au môle de l'angle N. O. du Mourillon. Cette jetée, ayant une longueur d'environ 300 mètres, serait interrompue par un intervalle égal en largeur à la passe de la chaîne neuve. Cette ouverture serait établie par le fond de 10 mètres, divisant la jetée en deux parties inégales : l'une de 170 mètres de longueur, l'autre de 130. Un pont mobile *v* servirait à communiquer d'un côté à l'autre.

L'entrée actuelle du nouveau port de commerce devra être fermée par deux herses en fer galvanisé, plongeant jusqu'au fond, espacées de toute l'épaisseur du quai que cette entrée interrompt et glissant dans des rainures.

Un mur de clôture établi sur ce quai partira de l'extrémité du saillant n° 4 pour aller rejoindre à angle droit le mur existant déjà de l'enceinte de l'arsenal du Mourillon.

Une nouvelle issue *y* serait pratiquée à travers la face gauche du demi bastion n° 5, le massif des maisons et le quai du parti, pour établir une communication entre le port et la darse vieille.

Pour achever de relier le Mourillon à l'arsenal actuel, une ouverture *x*, pratiquée à travers et au milieu à peu près, du côté gauche des remparts du saillant n° 3, établirait une communication par eau entre la darse projetée et la darse vieille; en sorte que les navires pourraient, sans passer par la rade, se rendre du Mourillon à la darse neuve.

2° *Réserver exclusivement le Mourillon pour les constructions neuves et n'exécuter dans l'arsenal que des travaux de réparations.*

A cet effet, après avoir évacué la darse neuve, le grand et le petit rang des navires désarmés, et les avoir placés dans la darse projetée, il faudrait lancer les trois frégates et les deux vaisseaux qui sont sur les chantiers de l'arsenal, afin de disposer les deux cales couvertes pour servir au halage à terre des vaisseaux, frégates et autres navires exigeant des réparations de longue durée. L'arsenal, ainsi débarrassé de tous les navires désarmés qui l'encombrent, présenterait certainement une surface d'eau et un périmètre de quais suffisans pour faire face aux armemens les plus nombreux.

3° *Créer à Castigneau les magasins capables de loger les vivres journaliers et de campagne nécessaires à 50,000 hommes.*

La note de M. le directeur des subsistances, en réponse à la demande qui lui fut faite par M. le préfet maritime, sur l'étendue des bâtimens nécessaires à l'emmagasinage de quinze jours de vivres journaliers et de trois mois de vivres de campagne, pour une force de 50,000 hommes, porte à 20,567 mètres carrés la surface des magasins qu'il faudrait construire. En l'augmentant de 10 p. 0/0 pour la place occupée par les murs, cette surface devient alors de 22,600 mètres carrés.

Dans le projet proposé, le bâtiment C' ayant 5,000 m. carrés de surface, avec rez-de-chaussée, premier étage et greniers, il fournit un développement de 15,000 mètres carrés de magasins; les parties *a'*, *a''*, *a'''*, qui doivent être ajoutées au bâtiment de la Boulangerie A', composées du même nombre d'étages, ont en surface 1,875 mètres carrés; ce qui donne un total de 5,625 mètres carrés. Les pavillons *a*, *c*. destinés aux bureaux, ont une surface de 720 mètres carrés, avec rez-de-chaussée et premier étage, ce qui donne encore 1,440 mètres carrés. Enfin les établissemens *b'*, *b''* et *b'''* de la tuerie, des étables et de la tonnellerie, avec rez-de-chaussée et premier étage, ont 1,200 mètres carrés de base, et par conséquent fournissent encore 2,400 mètres carrés de surface de magasins. Si l'on ajoute à ces nombres la surface des parcs à charbon, à fascines et à bois, qui est de 3,250 mètres carrés, on trouve, non compris les cours, les quais et les voies de communication, un total de 27,700 mètres carrés de développement de magasins.

Les établissemens proposés satisferaient donc amplement aux besoins exprimés par l'administration des vivres. Elle trouverait ainsi réunis dans une véritable île tous les magasins et ateliers dont elle a besoin. Le canal de la boulangerie conserve dans ce projet 30 mètres de largeur le long des faces des bastions, et forme devant les courtines deux véritables gares de 55 mètres de largeur et de 150 mètres de longueur; dimensions plus que suffisantes pour la circulation des embarcations et des navires chargés de denrées pour l'administration des vivres ou pour la flotte.

Le fossé extérieur, ayant 20 mètres de large, permettrait encore au besoin la circulation dans toute sa longueur d'embarcations d'assez grandes dimensions.

Le tracé proposé, y compris le chemin couvert, permet de se renfermer dans les limites actuelles des terrains militaires; une petite partie des angles saillans des chemins couverts, devant les saillans A et C des deux demi lunes, sort cependant de ces limites et nécessiterait l'achat de 7,000 mètres carrés, ce qui réduirait d'ailleurs cette dépense à 17,500 francs au *maximum*.

Le lit détourné du Las demanderait l'achat de 10,000 mètres carrés coûtant au plus 25,000 fr.

4° *Etablir sur l'île comprise entre la chaîne neuve, la chaîne vieille et le canal de Mange-Garis, tous les ateliers nécessaires aux travaux de constructions et de réparations des machines des navires à vapeur.*

Cette partie du projet est une des plus importantes en ce qu'elle crée, immédiatement et sans sortir de l'arsenal actuel, un arsenal complet pour la marine à vapeur, en utilisant les constructions qui existent déjà; constructions importantes, qui ont coûté des sommes considérables et où sont déjà installées les machines nombreuses que nécessite l'entretien des navires à vapeur; machines qu'il faudrait démonter pour les remonter de nouveau, si on devait établir ailleurs les ateliers destinés à ces travaux; ce qui ne pourrait s'effectuer sans risques et sans une dépense de temps et d'argent qui rendraient cette opération impraticable.

Pénétré de ces considérations, j'ai cherché surtout à grouper autour de l'atelier actuel des mécaniciens, tous les autres ateliers dont on ressent le besoin. Pour ce faire, je propose donc de prolonger de 125 mètres la face de droite du demi bastion n° 2, et de construire à l'extrémité E de cette face, ainsi agrandie, un nouveau flanc parallèle à l'ancien flanc et perpendiculaire au côté droit de l'angle rentrant, au sommet duquel est ouverte la passe de la chaîne vieille.

Tout l'espace E', renfermé entre les nouveaux remparts et les anciens, étant remblayé, serait destiné à la construction de trois corps de bâtimens à plusieurs étages, formant avec le flanc ancien une cour en forme de trapèze, entourée de salles emménagées pour y loger les forçats et la garde de la chiourme. On raserait seulement le parapet de l'ancien flanc afin de construire, au-dessus des casemates qu'il contient et qui seraient conservées, un étage de bâtimens en augmentation de l'aîle déjà existante où sont placées les salles n° 3 du bagne actuel.

Tous les autres bâtimens affectés au bagne seraient évacués par les forçats et livrés au génie maritime pour y établir les ateliers en métaux dont il a bsoin.

Le quai nord du grand rang serait élargi de 12 mètres et le bâtiment

2.

du bagne qui y est établi serait remplacé par une fonderie *f* de 18 mètres de large sur 100 mètres de long. Le bâtiment *f'*, construit sur le quai ouest du grand rang et qui contient actuellement l'hôpital du bagne et la salle n° 1, serait transformé en atelier de forges et d'ajustage, et son pavillon nord recevrait un dépôt de pompes à incendie.

Les salles adossées à l'ancienne face du bastion n° 2 seraient destinées à la petite chaudronnerie *i'''*.

La salle n° 6, qui est adossée à la demi courtine de gauche du front (2-1), serait remplacée par un atelier *i* de même largeur que l'atelier de machinerie et de 50 mètres de longueur, destiné au montage des machines. A cet effet, le quai, qui court le long de la salle actuelle, serait élargi suffisamment.

Sur l'emplacement occupé actuellement par l'atelier des embarcations et les chantiers des navires de servitude, on construirait deux ateliers séparés, l'un *g* pour la construction des chaudières en fer, et l'autre *g'* pour celle des chaudières en cuivre.

On voit, d'après cette disposition, que l'atelier *i'* actuel des machines se trouverait immédiatement entouré de tous les autres ateliers à feu, dont doit être muni un arsenal destiné à l'entretien de navires à vapeur.

L'évacuation des salles occupées par les forçats pourrait être effectuée sans attendre que le nouveau bagne fût construit. En effet, dès que la caserne *u*, que l'on construit au Mourillon, pourra recevoir les compagnies de l'infanterie de marine, les vieux vaisseaux du petit rang, qui leur servent maintenant de caserne, resteront disponibles, et il serait facile d'en faire à peu de frais des bagnes flottans, ainsi qu'on vient de le faire du vaisseau le *Borée*, et d'y placer les forçats occupant les salles qu'il serait nécessaire de mettre à la disposition du génie maritime.

Le nouveau bagne E', une fois construit (1), aurait l'avantage d'être réuni autour d'une cour unique, dominée à son angle du S. E. par la batterie du saillant E du demi bastion que l'on pourrait faire servir au besoin à maîtriser une révolte. Il serait enfermé dans une enceinte entourée d'un chemin de ronde qui l'isolerait complètement des autres

(1) Comme il est permis d'espérer qu'un jour les arsenaux seront délivrés de cette plaie hideuse : les forçats. Dans cette prévision, les salles du nouveau bagne seraient construites de manière à pouvoir être facilement transformées en ateliers.

établissemens de l'arsenal et en rendrait la surveillance facile. Dans le bâtiment existant déjà et où se trouverait placée l'unique entrée, serait établie la caserne des gardes et l'hôpital.

Les casemates qui sont pratiquées dans l'ancien flanc du rempart, et qui seraient conservées, serviraient de lieux de détention pour les condamnés en punition.

Pour compléter l'organisation de cette partie de l'arsenal, il était indispensable de penser à clore le grand rang plus sérieusement qu'il ne l'est avec de simples pannes.

Je proposerai dans ce but de construire une petite jetée *h* de 90 mètres de longueur à partir des bâtimens des bureaux des revues, au sud de ceux de la consigne, et courant parallèlement au quai de la ville. De l'extrémité de cette jetée, terminée en musoir, partirait parallèlement au quai du petit rang, une ligne *r r* de raz longs et étroits, de 1 mètre sur 10, bordés sur un de leurs longs côtés de palissades de 3 mètres de hauteur au-dessus des raz, plongeant dans l'eau de 2 mètres et terminées par des pointes. Ces raz, réunis deux à deux à leurs extrémités par des manilles à boulon, formeraient ainsi une enceinte réelle le long et en dedans de laquelle régnerait, sur les raz, un chemin de ronde. Cette enceinte flottante aboutirait à l'autre extrémité, auprès de la chaîne vieille, derrière le navire amiral. Elle serait toutefois interrompue au milieu de sa longueur par une pile *p*, en pierre, de 35 mètres de longueur sur 12 de largeur, parallèle au quai du grand rang. Cette pile, surmontée d'un corps de garde, d'un logement pour le gardien de Mange-Garis, entourée d'un escalier en pierre permettant de descendre sur les raz, serait en outre percée d'une arche de pont fermée par une herse mobile à volonté, qui permettrait le passage aux embarcations. Cette issue serait commise à la surveillance d'un gardien comme les autres issues du port. Le poste, établi dans le corps de garde communiquant avec celui de l'amiral, fournirait un factionnaire à l'extrémité de la jetée *h*. Cette jetée, assez large pour faire quai, serait bordée à l'extérieur d'un mur d'enceinte, tournant autour du musoir où il formerait guérite en se reliant avec l'enceinte palissadée.

La petite darse M, d'environ 4 hectares, ainsi formée entre l'enceinte des raz *r r* les quais du grand rang, le canal de Mange-Garis et le terre-plein K des câles des frégates, serait uniquement destinée aux vapeurs en réparations. Deux bassins de radoubs *e e*, de la dimension des navires de 540 chevaux, seraient construits dans le terre-plein K des chantiers actuels des frégates, ayant leur ouverture dans cette petite darse. Ils compléteraient l'ensemble de cette partie M M, spécialisée de l'arsenal où, à proximité des ateliers à feu et destinés à la manipulation des métaux, se trouveraient un grand développement de quais et cinq bassins de radoubs, pouvant servir soit aux vapeurs, soit aux navires à voiles de toutes dimensions.

Toute la partie ouest L de la darse neuve serait alors exclusivement consacrée à l'armement et à la réparation des navires à voiles.

Le pont de bateaux *v* du canal de Mange-Garis serait placé en prolongement de la voie qui passe le long du quai du chantier des frégates, et un autre semblable *v* serait établi à l'autre extrémité du même canal en prolongement de la voie du quai du grand rang.

Si avant de quitter cette partie de l'arsenal, nous y jetons un dernier coup-d'œil, nous remarquerons que tous les ateliers à feu sont réunis sur une île I, entourés d'eau par conséquent de tous côtés, et que, si un accident de feu venait à s'y déclarer, il serait facile de l'y concentrer et de l'y combattre sans que le reste de l'arsenal courût de dangers.

5° *Etablir, sur le terrain compris entre la chaîne vieille et la darse projetée, des chantiers pour la construction et la réparation des embarcations de servitude et des canots.*

Lorsque, par suite de la construction de la caserne *u* du Mourillon, les vaisseaux du petit rang seront évacués par l'infanterie de la marine, il ne restera plus qu'un petit nombre de marins pour occuper tout le terrain qui forme les quais de cette partie de la darse vieille. Et si l'on adopte une disposition quelconque pour placer en rade les casernes des équipages de ligne, 200 mètres de quais, 2 hectares et demi de surface d'eau et 1 hectare et demi de surface de terrain, qu'il serait si important d'utiliser, resteront déserts; tandis que l'on est sur le point d'acheter à prix d'or des terrains à Castigneau, dans lesquels, à grands frais, il faudra creuser des darses et construire des quais, fonder des pilotis à défaut de terrain solide et en dehors de l'arsenal déjà établi. Et pourtant l'on a à sa disposition un terrain qui, convenablement disposé, peut offrir tout d'un coup un périmètre de 500 mètres de quais, une surface de terrain solide de 2 hectares et une surface d'eau de 2 hectares et demi.

C'est dans cet emplacement O que je propose de placer les chantiers destinés à la construction et à la réparation des embarcations de servitude et des canots. Voici les dispositions que je propose dans ce but :

Etablir entre l'angle sud-ouest de la pile du petit rang, et le quai de la mâture, parallèlement au quai du petit rang, une ligne de raz *r* semblables à ceux décris ci-dessus, afin d'y former une enceinte palissadée.

Echanger avec l'administration de la guerre les terrains dont elle a la propriété au quartier du Parti, et entr'autres celui qui était occupé jadis par le chantier de construction du commerce, de la Ponche-Rimade, où elle veut établir une manutention de vivres ; ce qui serait fort dangereux pour le port marchand et par suite pour l'arsenal et la ville. Lui donner en échange le bâtiment actuel de la fonderie qui lui conviendrait beaucoup mieux pour y établir cette manutention et qui, par suite de la construction d'une fonderie dans l'arsenal actuel, resterait sans destination. Cet échange effectué, une ligne tirée parallèlement au quai de la ville, à partir de la pile du petit rang et allant jusqu'au quai du Parti, déterminerait la limite nord de l'espace à occuper. Moitié de cette ligne serait bordée d'un quai ; sur l'autre moitié serait établie une enceinte *r* de raz palissadés. Un mur construit en prolongement du quai du Parti, allant jusqu'au rempart, complèterait l'enceinte. Un quai mené à l'extrémité ouest de la partie du quai nouveau et qui lui serait perpendiculaire irait rejoindre le quai du petit rang ; entre ce quai, le quai du nord et le mur d'enceinte, le terrain nivelé et remblayé formerait une esplanade *n* d'environ 0,80 hectares, destinée à établir des cales de construction et de halage pour la réparation des embarcations de servitude.

Le reste de l'espace contiendrait des hangars *l l* pour la construction et la réparation des canots. Cet établissement, placé à côté de la darse projetée et communiquant directement avec le Mourillon, complèterait le système de réunion en un seul groupe de tous les ateliers des constructions neuves, à proximité de l'approvisionnement des bois.

6° *Etablir le long du rivage de Castigneau, depuis l'entrée du canal de la boulangerie jusqu'à l'extrémité ouest de l'atelier des artifices, sur des terrains conquis à cet effet sur la mer, un dépôt général de charbon de terre.*

Si l'on tire une ligne droite depuis le saillant du bastion n° 1 jusqu'à l'angle S.-O. de l'établissement des artifices de la marine. Cette ligne sera la limite nord du dépot que je propose de créer pour le charbon de terre.

A 170 mètres de ce saillant, mesurés sur cette ligne, elle rencontrera la crête du glacis du chemin couvert parallèle à la face droite du bastion n° 1, et à partir de ce point, elle déterminera jusqu'au mur N. E. du même atelier des artifices, la crête du glacis devant couvrir le prolongement du chemin couvert qui suivra cette ligne. Ce glacis aura son pied sur le bord du chemin bornant au sud les propriétés des sieurs Chaix et Ledeau.

Une ligne tirée parallèlement à la face droite du bastion n° 1, à 50 mètres de cette face, déterminera la direction et la grandeur de l'entrée du canal conduisant aux établissemens des vivres de la marine.

Cette ligne, étant prolongée dans la mer jusqu'à ce qu'elle en rencontre une autre menée parallèlement à celle que nous venons de tracer depuis le saillant n° 1 jusqu'aux artifices, et à 50 mètres de celle-ci; l'espace compris entre ces trois lignes, et une quatrième tirée dans le prolongement du mur ouest de cet atelier, formera le terre-plein du dépôt H.

Sur ce terre-plein seront construits 10 parcs à charbon de terre, chacun de 30 mètres de largeur, de 60 mètres de longueur de dedans en dedans, et de 6 mètres 25 de hauteur, contenant chacun 9,000 tonneaux de charbon.

Ils seront espacés les uns des autres et des deux grandes lignes parallèles, formant la crête des glacis et du quai, de 10 mètres (épaisseurs des parois comprises); c'est-à-dire qu'il y aura 70 mètres d'un axe à l'autre. Vis-à-vis le milieu de ces parcs et perpendiculairement au quai, 12 môles *m m m*, de 20 mètres de largeur et de 50 mètres de longueur, terminés en musoirs, s'avanceront dans la mer, laissant entr'eux, mesurée d'axe en axe, une distance de 70 mètres.

Ces môles seront destinés à l'embarquement du charbon de terre à bord des vapeurs qui y viendront accoster, le bord aux môles et l'arrière au quai.

Une ligne tracée à 25 mètres en dedans du mur ouest de l'atelier des artifices, perpendiculairement au quai et s'avançant dans la mer de 165 mètres, servira de base à une lunette D ayant 205 mètres de capitale à partir de cette base, 175 mètres de gorge, 70 mètres de flanc et 155 mètres de faces (mesures prises au pied des remparts au niveau de la mer). Le profil du rempart aura 30 mètres d'épaisseur, mesurés à la base, entre les pieds de l'escarpe et de la contrescarpe.

Cette lunette D est entourée par la mer de tous côtés et couverte du côté du rivage par un chemin couvert, parallèle au chemin de la Seyne, et partant de l'établissement des artifices. Elle ne tiendra au terre-plein du dépôt du charbon que par son angle du N.-E., au moyen d'un chemin de 15 mètres de largeur, couvert par un mur crénelé, établi en prolongement du mur de l'ouest des artifices, et formant la crête d'un glacis baigné par la mer. Elle a pour but d'abriter le quai du peu de houle que pourrait déterminer le vent d'ouest.

Dans le terre-plein de cet ouvrage, on pourra construire deux bassins de carénage *d d*, destinés au nétoyage fréquent des carènes des navires armés et en rade.

Tout ce nouvel établissement D n'étant pas fermé et étant entièrement isolé de l'arsenal, un navire mouillé sur rade, ayant besoin de nettoyer sa carène, pourrait entrer dans l'un de ces deux bassins, sans rien changer à son armement, ne prenant d'autre soin que de caler sa haute mâture et de mettre ses embarcations à la mer.

A cette extrémité du dépôt, au-delà du dernier parc et vis-à-vis les artifices, il reste une esplanade *k*, bordée de quais avec deux môles.

Elle est destinée au déchargement du charbon de terre apporté par les navires de commerce.

Le charbon sera étendu sur cette esplanade divisée en compartimens de surfaces connues et estimées en mètres carrés. Il sera visité par la commission ; dès qu'elle aura prononcé, le charbon refusé sera immédiatement rembarqué. Le charbon accepté sera conduit, au moyen de chariots d'un tonneau de capacité, sur un chemin de fer à double voie dans les parcs, sur les parois intérieures desquels seront tracées, en saillie ou en creux, des lignes horizontales divisant la capacité totale du parc en tranches égales d'un cubage connu et indiqué par des chiffres gravés en creux (1).

Le charbon devra toujours être régalé avec soin, afin que l'on puisse constater à chaque instant et avec exactitude la quantité de charbon existant au dépôt.

L'ouverture de chacun des parcs est placée vis-à-vis de l'axe des môles. Le charbon étant plus élevé que le sol de ces môles, qui devront être presque au niveau des ponts des navires, il suffira de le laisser couler dans des trémies disposées de manière à le conduire vis-à-vis des soutes des navires.

On voit que 25 navires pourront à la fois faire leur charbon, recevoir à bord en même temps chacun 1,000 hommes de troupes expéditionnaires, et partir du quai sans s'arrêter, pour conduire une armée de 25,000 hommes vers un point déterminé.

La proximité de l'établissement des vivres de la marine permettrait de prendre en même temps les vivres nécessaires à une expédition semblable.

D'où il suit qu'au moyen de la disposition proposée et grace à la rapidité des communications télégraphiques, douze heures après la déclaration de la guerre, une armée de 25,000 hommes sur 25 navires à vapeur pourrait partir de Toulon.

Or, de semblables avantages peuvent être acquis en quelques mois et par de très faibles sacrifices.

J'ai dit plus haut que la question d'agrandissement de l'arsenal de Toulon était complexe. En effet, elle n'est qu'une partie de la question générale de l'organisation du port et de l'amélioration de la rade.

Cette rade est tellement encombrée par les vases qu'il n'est plus possible d'en retarder le curage. Ce travail est à l'étude et 6,000,000 de mètres cubes de vases doivent être extraits du fond de la mer.

Qu'en fera-t-on ?

Ira-t-on les porter à grands frais en dehors du cap Sépet pour les rejeter à la mer, qui les rapporte dans la grande rade au moyen des courans violens que déterminent les vents d'ouest ?

(1) Cette disposition a pour but d'éviter à l'embarquement à bord des vapeurs l'opération longue et dispendieuse du pesage.

Pourquoi perdre ce terrain précieux dont on manque et qu'on ne se procure ici qu'à prix d'or. Voici ce que je propose d'en faire :

Il faut tracer tous les contours du quai, des môles et de la lunette projetée, avec des pilots en sap jointifs, solidement enfoncés jusqu'à refus, et dont la tête devra dépasser le niveau de la mer. Puis venir y verser les matériaux du curage de la petite rade, en les mêlant avec un peu de pouzzolane artificielle et les déblais que l'on aura à sa disposition. On aura bientôt acquis un terrain sur lequel par les mêmes procédés, on obtiendra les reliefs du glacis du chemin couvert et des remparts de la lunette. On exhaussera par les mêmes moyens le fond des parcs à charbon au-dessus du niveau de la mer, d'une quantité suffisante pour permettre d'installer un système d'embarquement purement mécanique du charbon à bord des vapeurs.

Ces parcs pourront d'abord n'être construits qu'en pieux jointifs, reliés par des planches brutes, jusqu'à ce que le terrain rapporté ait subi tout son tassement.

Ces travaux ne sauraient être couteux ; ils se coordonnent avec le curage de la rade. Ils sont projetés par de très petits fonds. En même temps donc que l'on creusera le chenal qui devra faciliter l'abord de ce complément de l'arsenal actuel, on se procurera les matériaux nécessaires à sa construction.

Les mêmes procédés devront être employés pour la construction de la digue et des quais de la darse projetée entre le Mourillon et le saillant n° 3, pour l'augmentation du terre-plein du bassin de radoubs n° 3, pour la construction des cales du chantier des embarcations, enfin la plupart des quais de l'établissement des vivres. Réservant les constructions en pierres et beton pour le prolongement de la face du demi bastion n° 2 et son flanc, qui doivent servir de base à de lourdes constructions, pour la formation des bassins de radoubs qui doivent remplacer les chantiers des frégates ; enfin, pour la jetée et la pile de Mange-Garis.

Est-il nécessaire de faire remarquer que tous ces travaux sont immédiatement et promptement réalisables, qu'ils sont contenus en dedans des limites des terrains appartenant à l'état.

Qu'au lieu de retrécir la rade, ils en facilitent le déblayement et en rendent le curage promptement et utilement exécutable.

Ils sont d'un travail si simple et si facile qu'il peut en partie être confié à des entrepreneurs et mené de front sur plusieurs points à la fois. Ils rétablissent l'unité dans l'arsenal qui ne peut qu'être rompue par tout autre projet.

Les ateliers dont on éprouve le besoin le plus urgent, peuvent de suite être obtenus par un simple déplacement de personnel, ou immédiatement commencés puisque l'on n'est pas obligé à attendre l'exécution artificielle du sol qui doit les supporter.

Le commerce lui-même participe des avantages recueillis par la marine militaire. Les deux ports qui lui étaient accordés, étaient malencontreusement séparés; à tel point que pour charger dans l'un après avoir déchargé dans l'autre, il fallait que les navires prissent la mer, en passant par la rade, ce qui n'était pas souvent facile et était quelquefois impraticable par le vent du mistral. L'entrée du nouveau port de commerce avait l'inconvénient d'être placée le plus sous le vent possible relativement aux brises fraîches et dangereuses.

Au moyen de la passe *y* projetée à travers le quai du Parti, les relations entre les deux parties du port fréquentées par les navires de commerce deviennent faciles et, quel que soit le vent régnant, les navires pourront toujours passer de la rade dans le port et du port dans la rade.

L'inconvénient du passage obligé des navires de commerce à travers les établissemens de la marine, qui se faisait ressentir deux fois, sera diminué de moitié et grâces aux clôtures flottantes proposées sera presque nul dorénavant.

Je n'ai plus à décrire que les moyens que je désirerais voir employer pour rendre aussi facile de plein pied, qu'elle le deviendrait par eau, la communication entre toutes les parties de l'arsenal.

Déjà les communications entre la darse neuve et la partie ouest de la darse vieille sont suffisamment établies par les ponts de bateaux et les bacs. Mais pour passer la chaîne vieille qui est à chaque instant traversée par des embarcations, par les vapeurs de la Seyne, souvent par des navires de commerce, quelquefois par des vaisseaux, il est nécessaire d'établir un moyen de transport d'un bord à l'autre qui, sans gêner la circulation, permette aux nombreuses escouades de forçats de se rendre sur les travaux où ils sont appelés plusieurs fois par jour. Ces passages ayant toujours lieu à des heures régulières et ne devant durer que peu de temps, surtout si l'on a soin de réunir d'avance les escouades sur le quai, un pont de bateau, qui n'interromprait que le passage des navires et pendant ces courts intervalles, serait alors établi entre les deux quais. Après le passage effectué il serait replié le long de l'enceinte palissadée, derrière le navire amiral prêt à être remis en place, si un accident arrivé dans l'une ou l'autre partie de l'arsenal nécessitait le passage imprévu d'un personnel nombreux de secours. Un pont semblable, mais ne devant s'ouvrir que pour la rentrée et la sortie des navires, établirait la communication à travers la passe de la darse projetée du Mourillon. D'autres ponts semblables, qui ne s'ouvriraient que dans les mêmes circonstances, seraient établis en travers de l'ouverture pratiquée x dans le rempart de gauche du saillant n. 3, en travers des ouvertures du port de commerce, entre ce port et la darse projetée et entre ce port et la darse vieille. Enfin une ligne r de raz palissadés serait établie entre le saillant n. 1 et le quai du dépôt général du charbon, et établirait au moyen d'une poterne construite exprès à cet angle, une communication de surveillance avec l'établissement des vivres et avec le dépôt du charbon.

Ai-je besoin d'insister sur les avantages que j'ai déjà énoncés dans le cours de ce mémoire, comme conséquences de ce projet. Je crois qu'il suffit de jeter un coup-d'œil sur le plan qui l'accompagne, pour les apprécier. Ce plan ne donne que des dispositions d'ensemble. J'eusse dû donner à ce mémoire trop de volume, si j'y avais introduit tous les plans et devis de détails qui en sont la conséquence; mais si ce projet est mis à l'étude je suis en mesure de les présenter avec tous les développemens nécessaires. Il y a des points de détails que je n'ai pas pu arrêter définitivement avant que le génie militaire ait émis son opinion. Cependant, j'ai étudié avec assez de soin tout ce qui doit assurer la complète réalisation de ce que je propose pour être en mesure de répondre à toutes les objections.

C'est donc avec confiance que je viens soumettre à l'examen ce travail qui réalise, j'ose l'espérer, la plupart des améliorations que l'on désirait voir introduire dans l'arsenal maritime de la France, le plus important à cause de sa position géographique.

Dans le chapitre 4 de ce projet j'ai proposé de reculer vers l'est le flanc gauche du demi bastion n. 2. Pour remplacer l'ancien flanc par le nouveau, celui-ci devrait contenir aussi une batterie casematée.

J'ai pensé qu'une modification dans le tracé de la jetée *j j* du Mourillon, permettrait d'éviter cette dépense tout en donnant plus d'espace à l'arsenal et rendant la défense militaire de l'enceinte de mer plus complète.

A cet effet, je tire une ligne en prolongement de la face du demi bastion n. 2, jusqu'à sa rencontre avec la jetée du Mourillon. Je mesure sur cette ligne et à partir du nouveau saillant E de ce demi bastion, une longueur de 70 mètres, qui me donne un nouveau point G, d'où j'abaisse une perpendiculaire sur le côté droit de l'angle saillant n. 3. Ce point G devient alors le sommet d'un angle par lequel je remplace le côté droit du saillant n. 3 et la partie de la jetée projetée, qui sont compris entre ses côtés.

La surface de cet angle G' étant remblayée, ses côtés bordés de murs crénelés, on aura acquis ainsi une surface de 7,200 mètres carrés, sur laquelle on pourra construire des casernes ou une succursale du bagne.

Le côté gauche de l'angle G sera flanqué comme la face du demi bastion E par le flanc du bastion n. 1; et le flanc gauche du demi bastion n. 2 pourra n'être plus formé que par un mur crénelé; ainsi pour la même dépense on aura plus de terrain.

On complètera la batterie de la mâture par l'addition de deux nouvelles embrasures qui, jointes aux trois qui existent déjà et aux cinq qui sont projetées dans le plan à droite de la passe de la chaîne vieille, suffiront pour la défense de l'avant-port formé par ce nouveau tracé, entre les saillans E et G.

Cet avant-port m'a paru être sans plus de frais, une amélioration réelle, surtout si on place dans les murs des deux flancs, des anneaux solidement scellés pour servir au touage des navires.

En établissant sur la jetée *j j*, à droite et à gauche de la passe du Mourillon, une batterie barbette de 24 bouches à feu, composant la *batterie de salut* de la marine, on satisferait de plus à un besoin généralement senti d'être toujours prêt à rendre coup pour coup les saluts que font en arrivant sur rade les navires des autres nations, vis-à-vis desquelles la France est grandement arriérée à cet égard.

Toulon. Imprimerie d'Eugène AUREL, place Saint-Pierre.

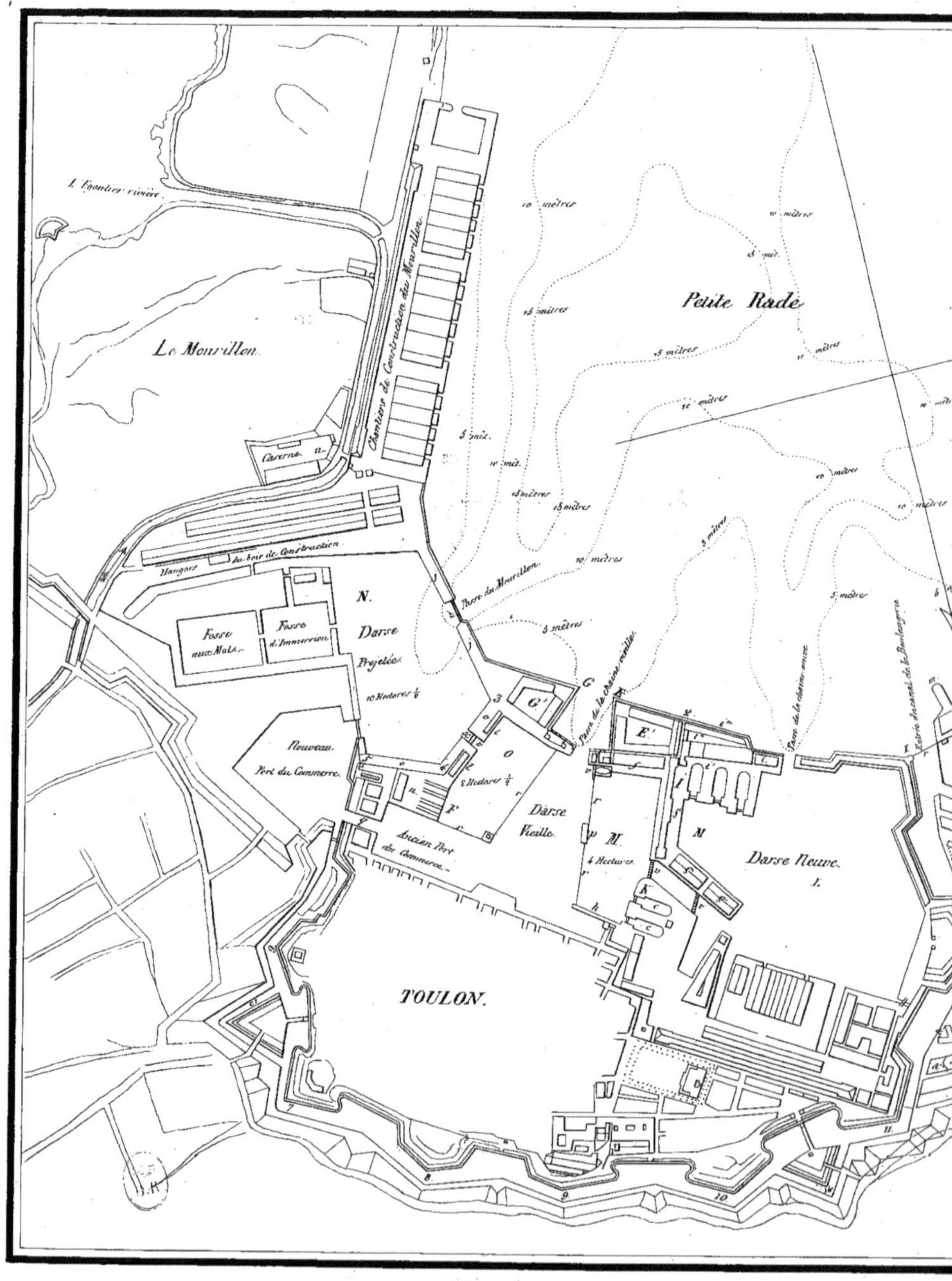

L'Eygoutier rivière
Le Mourillon
Chantiers de Construction du Mourillon
Caserne
Hangars du bois de Construction
Petite Rade
Passe du Mourillon
Fosse aux Mâts
Fosse d'Immersion
N.
Darse Projetée
10 Hectares ½
Nouveau Port du Commerce
Darse Vieille
8 Hectares ½
Passe de la chaîne vieille
Passe de la chaîne neuve
Darse Neuve
4 Hectares
Ancien Port du Commerce
TOULON.

Lith. Gabert Pl. S. Pierre N. 7. toulon.

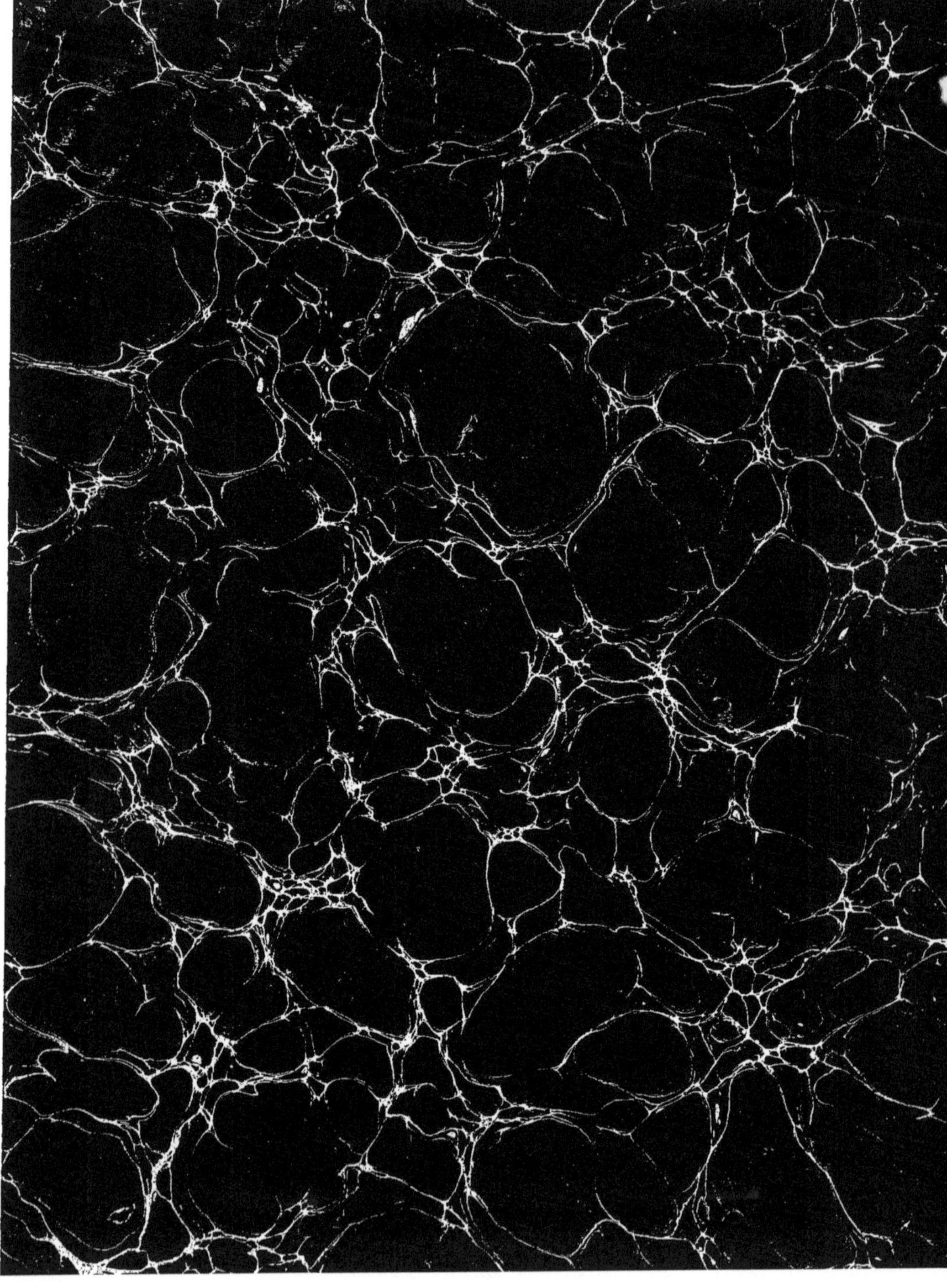

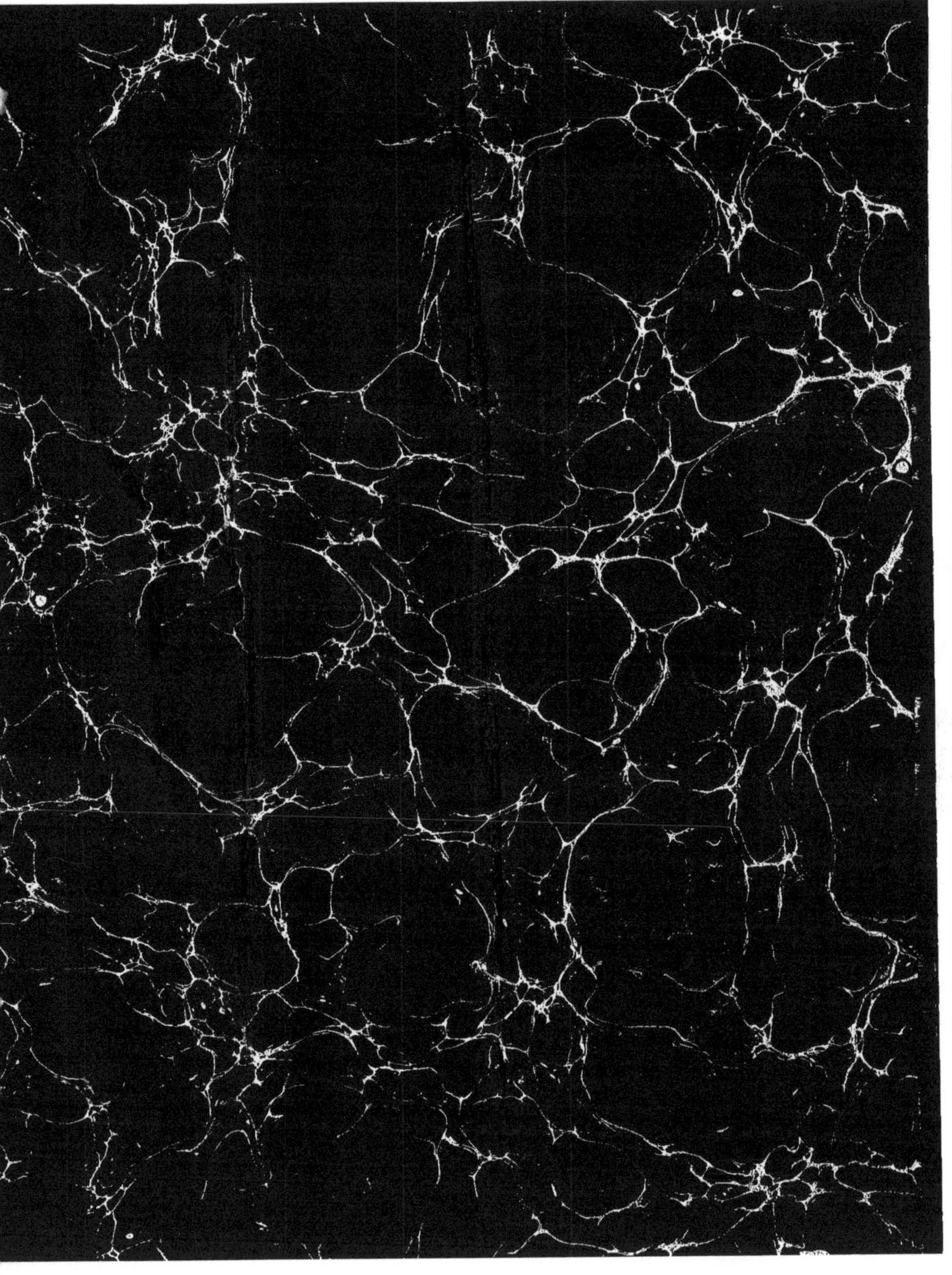

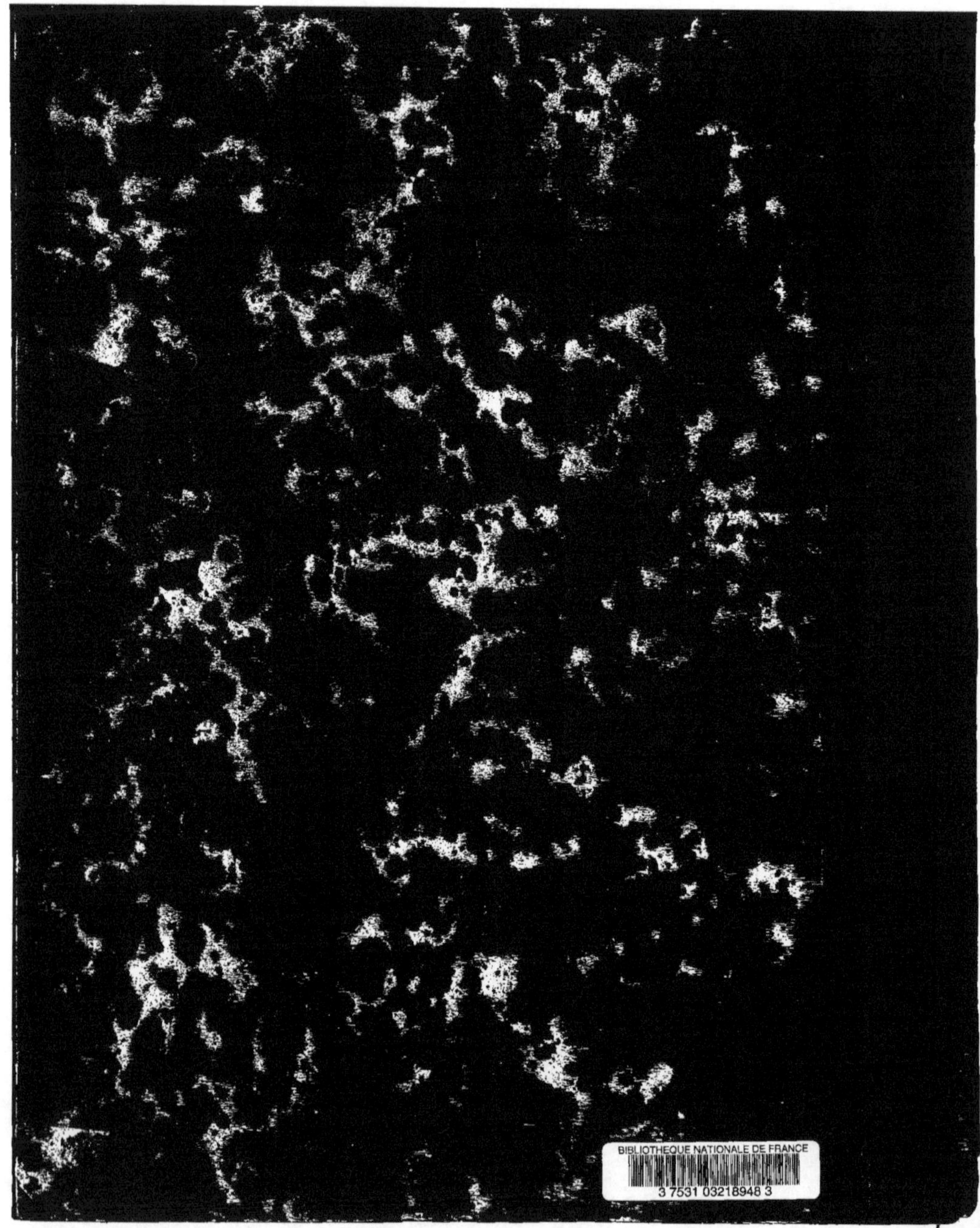

www.ingramcontent.com/pod-product-compliance
Ingram Content Group UK Ltd.
Pitfield, Milton Keynes, MK11 3LW, UK
UKHW022149190726
13855UKWH00004B/1401

9 782013 273657